MILIANAH

PAR

LE Dr CAMILLE RICQUE

Aide–Major au 1er régiment de Voltigeurs de la garde impériale.

PARIS

Ve BENJAMIN DUPRAT

LIBRAIRE DE L'INSTITUT, DE LA BIBLIOTHÈQUE IMPÉRIALE ET DU SÉNAT,

DES SOCIÉTÉS ASIATIQUES DE PARIS, DE LONDRES, DE MADRAS,

DE CALCUTTA, DE CHANG-HAI ET DE LA SOCIÉTÉ ORIENTALE AMÉRICAINE DE NEW-HAVEN (ÉTATS-UNIS)

Rue du Cloître Saint-Benoît (rue Fontanes), 7

Près le Musée de Cluny.

—

1865

MILIANAH

RECHERCHES ETHNOGRAPHIQUES ET ARCHÉOLOGIQUES
SUR LE TERRITOIRE ET LES HABITANTS DU CERCLE.

La partie du Tell qui forme le territoire du cercle de
Milianah peut se diviser en deux régions : les hauteurs et la
plaine.

Les hauteurs sont constituées par les contre forts de l'A-
tlas qui, en cet endroit, a une direction à peu près parallèle
à la mer. Arrivée chez les Bou Halouan, la chaîne se bifur-
que ; la branche méridionale se courbe vers l'ouest et va
r mer les contre-forts de Teniet-el-Had, et par le Djebel
Doui, se réunir à l'Ouarensenis ; la branche septentrionale,
très-élevée et très-abrupte, est habitée par des tribus berbères qui, lors de l'invasion arabe, sont venues y chercher
des retraites presque inaccessibles.

La vallée comprise entre ces deux embranchements est la
plaine du Chétif.

I

MILIANAH.

Chef-lieu du cercle, Milianah est bâtie sur un plateau au
pied du Djebel Zakkar, sur l'emplacement de l'antique *Mal-*

liana, dont l'origine se perd dans la nuit des temps. Strabon et l'itinéraire d'Antonin la désignent sous le nom de *Manliana*. Ces deux appellations paraissent avoir une étymologie sémitique. Malliana peut dériver de מלונה qui, en hébreu et selon toute probabilité en langue punique, signifiait « lieu d'habitation passagère » et Manliana de מהנה « camp » et לון « passer la nuit » ce qui représente la même idée. Milianah n'aurait donc été primitivement qu'une sorte de station ou gîte d'étape sur les routes qui, d'Icosium (Alger), de Cæsarea (Cherchell) et de Cartennœ (Tenès), menaient dans l'intérieur de l'Afrique.

Milianah fut longtemps la capitale des rois de Numidie ; Bocchus s'y retira lors de la deuxième guerre contre Jugurtha. Jadis florissante, elle tint en échec pendant un an, grâce à sa forte position stratégique, les troupes commandées par Abdallah, à l'époque de la conquête de l'Afrique par les musulmans. Réduite par la famine, la ville fut rasée et livrée aux flammes et les habitants en furent passés au fil de l'épée ; elle fut réédifiée sur ses ruines même par les Arabes, et devint sous les Turcs la résidence d'un pacha ou bey.

C'est à Milianah que mourut, dit-on, le fils de Pompée. Une tradition erronée a fait considérer comme un mausolée élevé à sa mémoire les ruines d'un monument situé en face de la mosquée de Sidi Ahmed ben Youcef. Un simple coup d'œil suffit pour faire justice de cette assertion. Rien ne ressemble moins à l'architecture romaine que cette sorte de pyramide formée de blocs à peine taillés, disposés en gradins.

Il existe au contraire une frappante analogie entre ces débris et le gigantesque tumulus situé près de la mer au pied du Chenoua, connu d'après une légende apocryphe sous le nom de qobr-er-Roumiah (tombeau de la chrétienne), et qui était une pyramide destinée à servir de sépulture aux rois de Numidie. Le prétendu tombeau du fils de Pompée n'est, selon nous, qu'un monument élevé à la mémoire de

quelque souverain. Mais l'histoire du pays nous est pres
que inconnue, si ce n'est incidemment lors de ses luttes contre les Romains.

Au pied du mont Zakkar passe la rivière du Chélif, dont
l'ancien nom *Chenalaph* nous a été conservé par les géographes, qui n'ont pas craint d'avancer que ce mot était formé
des deux lettres *chin* et *aleph*. Les méandres que décrit le
Chélif, offrent, disent-ils, une ressemblance éloignée avec les
deux caractères précités ! Pourquoi, pendant que le champ
des hypothèses leur était ouvert, n'ont-ils pas, en arguant
de l'extrême multiplicité de ces détours, proposé l'étymologie de וְשִׁי אלף (deux mille !)?...

Pour arriver à la véritable origine de ce nom, il faut d'a-
bord se rappeler que le *ch* romain était la transcription
du χ grec, et par suite du ק et du ח orientaux. En écrivant
chenalaph קנעלה, nous avons un mot composé de קן « lit »
et עלה « couvrir » lit encaissé, expression qui s'applique
parfaitement au Chélif.

II

HAMMAM RIGHA.

Cet établissement thermal situé, comme son nom l'indi-
que, sur le territoire des Righas, a été construit sur l'emplacement des Thermes romains de *Aquæ*. Ici, comme partout
du reste en Algérie, l'Arabe n'a rien détruit. Les ruines ont
pour lui une sorte de prestige qui a sauvegardé tout ce qu'a-
vaient épargné les Vandales et respecté les guerres civiles.
Les piscines dallées et revêtues de granit, des réduits souter-
rains maçonnés de briques, portant encore les traces du feu
qui servait à produire l'évaporation de l'eau des étuves, ou à
élever la température du sol des *sudatoria*, les stèles et les
pierres sculptées que l'on rencontre à chaque pas, témoi-
gnent de l'importance et de la splendeur des thermes d'A-

quæ. Les conduits d'argile qui faisaient communiquer les piscines entre elles subsistent encore en assez bon état.

Sur le plateau ouest étaient les villas et les *hospitia* où étaient reçus, selon leur position de fortune, les malades qui venaient demander le rétablissement de leur santé à ces eaux célèbres. Là aussi s'élevait un temple dédié à Apollon Hygin. Des fouilles récentes y ont fait découvrir de nombreux *ex-voto*, bras, mains, jambes en terre cuite, en grès sculpté et en marbre, offerts par des malades reconnaissants.

La partie sud de la montagne semble avoir été aplanie et aménagée de main d'homme. La terre y est jonchée de pierres sculptées ou simplement taillées, de briques moulées et de débris de colonnes. C'est là qu'était, dit-on, le palais thermal des proconsuls d'Afrique. En avant se trouve une place dallée, parfaitement conservée, d'où l'on découvre un panorama splendide. Selon toute apparence, c'était le promenoir à ciel ouvert, *sub dio*, où le gouverneur venait à la chute du jour, respirer l'air pur et frais de la montagne.

III

DUPERRÉ.

Le village de Duperré, de formation récente, est situé dans un bas-fond au milieu de la plaine séparée de celle du Chélif par des contre-forts du Djebel-Doui, qui vont rejoindre les montagnes des Aribs.

Les habitants de cette colonie sont très-pauvres mais très-laborieux ; malgré des difficultés inouïes, les terres ont été défrichées et commencent à donner de très-belles récoltes.

A deux kilomètres de Duperré, sur un mamelon qui domine la plaine, se trouvent les restes de la ville romaine d'Oppidum Novum, dont les ruines attestent la grandeur et l'importance. De magnifiques sarcophages en granit, dont les

carrières sont situées en face chez les Abids ; des arcades
formant une rue très-large, les remparts de la citadelle au
point culminant du mamelon, de très-nombreuses stèles et
statuettes, des briques couvrant le sol sur un rayon de deux à
trois kilomètres, tels sont aujourd'hui les débris de la cité romaine... L'Arabe fait passer sa charrue de bois au milieu de
ces ruines qu'il appelle Kerbah el Khodrah (la ruine verte), et
qu'il considère comme d'anciens établissements français !...
Telle est en effet la croyance généralement répandue en Algérie parmi les indigènes : le sol y a été jadis possédé par les
chrétiens qui en ont été chassés par les musulmans et qui
doivent être un jour expulsés une seconde fois, lorsque la co-
lère du Prophète contre ses enfants coupables aura été apai-
sée. C'est donc la vérité, me disait un jour le caïd des Abids,
El hadj Sadok, personnage assez éclairé pour un Arabe, qui
m'accompagnait dans une excursion à El Khodrah, les Français ont jadis habité ici ; je te vois lire sans beaucoup de
peine ce qu'il y a d'écrit sur ces pierres. J'essayai de faire
comprendre au caïd qu'il y avait une grande différence de race
et de temps, entre les Romains idolâtres et les Français chrétiens, mais il secoua la tête d'un air d'incrédulité ; puis, après
quelques instants de réflexion, il s'écria du ton triomphant d'un
homme qui a découvert un argument irréfutable : Que penses-
tu des Allemands ? Sont-ils le même peuple que les Français ?
Non, puisqu'ils ne sont pas de la même race, parlent une
autre langue et habitent un autre pays. Cependant, bien que
parmi vous ce soient des khamsi[1] ils se disent chrétiens.
Eh ! bien, du temps des Turcs, pendant que j'étais un enfant,
un Allemand vint visiter le pays, et mon père le reçut dans sa
tente. Chaque jour cet homme, qui était un Taleb, allait se pro-
mener à El Khodrah. Lorsqu'il partit, il oublia un livre que

---

[1] Khamsi (cinquième, c'est-à-dire ne faisant pas partie des quatre sectes
orthodoxes de l'Islam) est un terme qu'emploient les Arabes pour désigner
les Mozabites, qui sont les protestants de la religion musulmane. Ce serait
une grave erreur, et elle est très-fréquente, de croire que les Arabes algé-
riens confondent tous les peuples de l'Europe.

j'ai encore chez moi. Mon fils aîné, qui, comme tu le sais, a été
au collége d'Alger et lit très-bien l'écriture française, a exa-
miné ce livre et m'a déclaré que c'était des caractères incon-
nus, ne ressemblant en rien à ceux dont vous vous servez,
tandis que sur une de ces pierres qui se trouve dans mon
douar, je ne sais comment, il a distingué sans peine des
lettres françaises.

Dans un Douar Kabyle, dépendant de la tribu des Abids,
et dont les habitants vivent retirés au milieu des rochers
comme dans des nids d'aigles, la tradition a conservé le sou-
venir de la grande ville détruite à la suite d'une défense
acharnée, contre des ennemis venus du nord. Cette notion,
toute obscure qu'elle soit, est précieuse, parce que c'est la
seule, peut-être, qui ait survécu aux siècles et à l'Islam, pour
rappeler l'invasion des hordes vandales. Malheureusement,
toutes mes tentatives pour obtenir des renseignements plus
précis, ont échoué devant l'ignorance et le mauvais vouloir de
ces Kabyles qui refusent de parler arabe, et que je n'ai pu in-
terroger qu'à l'aide d'un interprète illettré et inintelligent.
Une particularité digne de remarque, c'est que les tribus
avoisinantes les considèrent, à tort peut-être, comme les descendants des habitants d'Oppidum Novum, échappés au sac
de leur ville.

POPULATIONS INDIGÈNES.

RIGHA.

La tribu des Righa est une des plus importantes du cercle
par sa position et par le caractère de ses habitants.

L'origine des Righa est très-obscure. La plupart des traditions leur attribuent une origine berbère. Selon d'autres, ils

seraient formés d'Amraouas [1]. La mauvaise réputation des Righa a sans doute donné naissance à cette opinion.

C'était une des tribus les plus remuantes du cercle. Comme une bande d'oiseaux rapaces, les Righa tombaient à l'improviste du haut de leurs montagnes inaccessibles, dévalisaient les voyageurs, attaquaient et pillaient les convois de vivres ou de numéraire que les Turcs envoyaient d'Alger dans l'intérieur; puis, quand le gouvernement lassé de leurs déprédations envoyait des soldats pour les châtier, la résistance était promptement organisée et presque toujours avait le dessus. Les hommes s'embusquaient en tirailleurs dans les ravins, pendant que les femmes et les enfants faisaient rouler sur les assaillants, du haut des rochers, des pierres apportées d'avance. Les Righa montrent avec orgueil une sorte de vallée, à droite de la route de Blidah, ou périt un corps turc de trois mille hommes. Enfin, vingt ans environ avant la prise d'Alger, par un coup de main hardi, les Righa s'emparèrent de la personne du bey de Milianah, s'en servirent d'abord comme d'otage ; puis, lorsqu'ils eurent obtenu tout ce qu'ils pouvaient désirer, le massacrèrent et mirent sa tête au bout d'une pique qui se trouva plantée un matin devant la Casbah de la ville.

Ce fut alors que les Turcs eurent recours à leur moyen habituel de venir à bout des Arabes ; ils semèrent la division parmi les Righa, en exploitant habilement les rivalités d'influence religieuse, si vives et si tenaces parmi les indigènes, les affaiblirent, et, s'en étant rendus maîtres, les déportèrent dans la province d'Oran. Depuis l'occupation française une partie de la tribu est revenue au pays natal ; et, quoique, dans la crainte d'une prompte répression, ils aient renoncé à leurs excursions, les Righa sont encore aujourd'hui, à cause de leur caractère sournois et batailleur, haïs et redoutés des populations voisines.

[1] Sur les Amraouas, voir notre mémoire sur les populations musulmanes du nord de l'Afrique, *Revue de l'Orient*, nov., déc. 1863.

Ils occupent un pays de la plus grande salubrité. Leurs douars sont établis sur les deux pentes N. et S. de la chaîne qui porte le nom de Tafrouet. La disposition de leur territoire est telle que la grande culture y est impossible. Peuple industrieux, intelligent et actif comme presque tous les montagnards, ils sont généralement d'une taille élevée, d'une constitution sèche et robuste. Les maladies sont rares parmi eux, et ce n'est qu'exceptionnellement qu'ils viennent au bureau arabe réclamer des soins et des médicaments.

Superficie de la tribu 13,000 hect. Population 2,554 habitants.

BOU HALOUAN.

Au nord et à l'est des Righas se trouvent les Bou Halouan, divisés en Gontas et en Zmouls.

Ils habitent un pays accidenté et très-peu boisé, mais très-fertile et donnant presque constamment de belles récoltes.

On trouve à Ain-Tserid (Fontaine de la semoule), des ruines romaines considérables, avec les restes d'un camp retranché près du Djebel Ouember. C'est là, selon nous, que doit être assignée la position de *Tamaricetum præsidium* (Tamazirth, fém. de Amazir, terme nobiliaire des Berbères), place forte élevée par les Romains pour contenir les peuplades de la montagne et assurer les communications de la côte avec les rives du Chélif.

Superficie 7,700 hectares. Population 2,092 habitants.

BENI ZOUG-ZOUG.

Cette antique confédération, aujourd'hui démembrée, formé plusieurs tribus, ce sont : les Ahel el Oued, riverains du Chélif, les Ouled Mirah, Ouled Mbakhtah, Ouled Cheikh et Ouled Abbou.

Ces diverses populations kabyles tirent leurs noms des Marabouts missionnaires qui, lors de l'invasion, vinrent s'établir parmi elles pour y prêcher l'Islam. Elles habitent une grande partie de la plaine du Chélif; leur pays est fertile, mais marécageux.

L'on trouve chez les Ouled Mirah, à Kherbet el Zehafah (ruines de la boiteuse?), des ruines romaines que nous considérons comme celles de *Fundus Gallonatis* qui, au dire d'Ammien Marcellin, était une forteresse destinée à relier Oppidum Novum avec *Tingitanum Castellum* (Téniet el Hâd), et protéger les rives du Chélif.

Population 15,069 habitants. Superficie 25,000 hectares.

HARAOUAT.

Cette tribu se divise en deux fractions : Haraouat Cheragas (de l'est), et Haraouat Gherabas (de l'ouest).

Ils se prétendent issus des Ouled Sidi Abd-Allah, marabouts d'Oran ; mais des renseignements particuliers tendent à me faire considérer cette généalogie comme controuvée ; d'après d'anciennes traditions, ils seraient, ainsi que les Matmathas, d'origine berbère pure.

Population 2,524 habitants. Superficie 1,200 hectares.

BOU-RACHED.

Les Bou-Rached sont d'origine berbère. Sur la frontière des Ouled Abbou, ils ont les mœurs kabyles, tandis qu'ils vivent en Arabes au sud du Djebel Doui.

Quoiqu'ils soient Kabyles, la principale richesse des Bou-Rached consiste en céréales qui réussissent fort bien dans les années qui ne sont pas pluvieuses. On trouve chez eux du miel, des glands doux et toute espèce de fruits. Dans le Djebel Doui, l'on rencontre de belles essences de bois, et au voisinage de l'Oued Zeddin, des lentisques et des thuyas.

Superficie 14,000 hectares. Population 2,486 habitants.

TIABIN.

Petite tribu de Marabouts qui proviennent du Qéblah (Sud).
Ils sont essentiellement pasteurs.
Superficie 3,000 hectares. Population 446 habitants.

KHOBBAZAH.

Tribu très-pauvre, très-ignorante et très-arriérée. On y trouvait à peine trois ou quatre individus sachant lire et écrire.
Toutes mes recherches pour arriver à découvrir l'origine de
ce nom singulier de Khobbazah (*boulangers*), ont été in-
fructueuses. Malgré leur infériorité matérielle et morale, les
Khobbazahs repoussent toute relation et toute alliance avec
les tribus voisines ; le motif de cette exclusion provient d'un
grand fond d'orgueil national, seul vestige peut-être du sen-
timent patriotique chez des musulmans. Ils se prétendent en
effet issus des premiers habitants de l'Afrique, dont ils seraient aujourd'hui les uniques représentants.

Leur seule nourriture consiste en fèves du pays (*foul*) et
en glands doux. Pour troupeaux, ils n'ont que quelques chè-
vres.
Superficie 7,000 hectares. Population 1,502 habitants.

BETHAHAYAH.

Tribu de tholbah (plur. de *taleb*, lettré) et de marabouts,
qui occupe un pays extrêmement difficile, obstrué par des
montagnes inaccessibles. Ce ne sont partout que ravins à pic
au bas desquels coulent les deux affluents du Chélif : l'Oued
Rouinah et l'Oued-Foddhah.
Population 1,380 habitants. Superficie 16,000 hectares.

BENI BOU DOUAN.

L'histoire des beni bou Douan est assez obscure : cette tribu est une des plus importantes et des plus influentes du cercle. D'après la tradition, elle aurait été formée de berbères chrétiens qui ne conservèrent la vie et la liberté qu'à la condition de recevoir chez eux des missionnaires pour leur enseigner l'Islam. Les descendants de ces missionnaires sont les marabouts du pays. Le plus célèbre est Si El Arbi qui vit retiré dans les montagnes.

L'agriculture est peu avancée chez les beni bou Douan ; ils se sont toujours fait remarquer par leur énergie, leur ignorance et leur fanatisme. Leur pays est stérile et très-accidenté ; ils n'ont pas de céréales : le figuier et le chêne à glands doux fournissent presque toute leur nourriture.

Superficie 24,300 hectares. Population 4,854 habitants.

BENI BOU ATTAB.

Tribu kabyle congénère des beni bou Douan, et habitant un pays encore plus sauvage. Ils manquent d'eau et de céréales et sont extrêmement pauvres. Les quelques troupeaux qu'ils possèdent sont en mauvais état.

Superficie 6,000 hectares. Population 799 habitants.

DJENDEL.

Les Djendel sont une riche et puissante tribu occupant la partie orientale du cercle. Ses habitants, laborieux, commerçants et civilisés, sont établis dans des maisons construites à la française, réunies en villages.

L'on trouve à Amourah des ruines romaines considérables, que je regarde comme le seul point où l'on puisse avec raison fixer la position de *Vagal*, place forte où s'arrêta Théodose lorsqu'il revenait de châtier les tribus du sud révoltées. Certains géographes assignent à tort à *Vagal* l'emplacement actuel de Boghar, qui est bien plus au sud.

Superficie 10,000 hectares. Population 3,124 habitants.

BENI-HAMET.

Tribu riche, industrieuse et commerçante, possédant une centaine de maisons, dont quelques-unes fort belles, construites pour la plupart par des ouvriers européens. Les Beni-Hamet sont d'un caractère doux, affable et peu belliqueux ; ils ont toujours préféré à la guerre la paix qui leur est plus profitable.

Ils se livrent à la fois au commerce, à l'agriculture et à l'élève des bestiaux et surtout des volailles dont ils approvisionnent les marchés du Cercle. Les jeunes gens des familles les plus riches et les plus considérées du pays tiennent à grand honneur d'être admis dans le corps des spahis, auquel ils fournissent des cavaliers très-habiles, très-soigneux et très-disciplinés.

Le pays des Beni-Hamet est fertile mais marécageux, et par suite donne naissance à des affections fébriles paludéennes. Un de leurs marais fournit des sangsues qui pourraient être avantageusement exploitées.

Superficie 6,000 hectares. Population 2,547 habitants.

BENI-FATHEM.

Les Beni-Fathem sont une fraction des Mathmata qui se sont séparés de leurs frères sans renoncer à leurs alliances. Ils sont agriculteurs et élèvent des chevaux renommés.

L'on trouve a Aïn Gueblia des ruines romaines qui paraissent être celles d'un fort destiné à relier Vagal avec Tingitanum Castellum.

Population 1979 habitants. Superficie 8,200 hectares.

MATHMATA.

Les Mathmata sont d'origine berbère pure. C'était jadis une très-puissante confédération gouvernée par des chefs qui luttèrent vigoureusement contre l'invasion arabe d'abord, puis contre les Turcs. Ces derniers ayant semé la division parmi eux, les affaiblirent, mais ne purent jamais les dompter au point de leurs faire payer des impôts réguliers. De temps en temps, à des époques variables, le pacha de Milianah marchait à la tête de ses troupes contre les Mathmata, et profitant de ce qu'ils n'étaient pas préparés à une attaque, incendiait les récoltes, massacrait et enlevait le plus d'individus qu'il pouvait, puis après cette razzia revenait dans sa ville avec un butin plus ou moins considérable.

Leur territoire comprenait alors le pays occupé aujourd'hui par les Sioufs, les Beni-Hamet, les Beni-Fathem, les Aziz, les Blal et une grande partie des Beni-Zoug-Zoug.

J'ai trouvé au Djebel Aghbal et à Thazah des ruines romaines que je considère comme les restes de Villas romaines. Celles de Thâza, situées dans une vallée délicieuse, coupée par l'Oued-Thaza, offrent des vestiges d'une architecture remarquable.

Superficie 18,000 hectares. Population 1956 habitants.

CONFÉDÉRATION DES BRAZ.

Les cinq tribus des Braz descendent, selon toute probabilité, des beni Ahmer, et de quelques fractions de Sbihh qui s'établirent dans le pays, et se mêlèrent aux Kabiles d'origine berbère pure. C'était autrefois une confédération très-puissante et très-redoutée.

On trouve chez les Beni Boukni les ruines d'une ville romaine qu'ils appellent *karghera*, expression que nous considérons comme une altération abréviative du nom latin de *Castra Germanorum*, place importante appelée autrefois *Lar Castellum*, au dire de Ptolémée. Elle reçut ce nom de *Castra Germanorum* à la suite d'une révolte des tribus berbères, étouffée par la légion germaine qui vint ensuite tenir garnison dans cette ville. Mannert et le docteur Shaw placent *Lar Castellum* beaucoup trop au nord-ouest. Leur erreur tient à deux causes : d'abord aux difficultés sans nombre qu'ils ont dû éprouver à faire leurs recherches dans un pays hostile comme l'était, avant la domination française, le territoire qu'ils exploraient, et ensuite, à l'ignorance où l'on était de la position véritable d'Icosium que l'on prenait pour Cherchel, et que des découvertes plus récentes fixent sur l'emplacement actuel d'Alger.

C'est avec regret que je me vois contraint de déclarer ici, tout en rendant un hommage mérité à la science de Shaw, à son honorabilité et à sa bonne foi, qu'il est bien peu de ses assertions que je n'aie dû reconnaître comme erronées.

Superficie, 29,000 hectares. Population, 5,076 habitants.

BENI FERAH.

Tribu d'origine berbère. Son nom est celui du beau-père du célèbre marabout voyageur Sidi Ahmed ben Youcef, homme d'un esprit aimable et fin, dont les bons mots rimés sont connus dans toute l'Algérie.

Après de longues pérégrinations, tantôt accueilli comme un sultan, tantôt conspué et pourchassé comme un juif à la porte d'une mosquée, dit la légende arabe, Sidi Ahmed ben Youcef, trouvant le pays à son goût, s'y arrêta, et sut si bien en captiver les habitants qu'ils se déclarèrent les serviteurs de lui et de ses descendants. Leur chef lui donna sa fille unique en mariage, mais le marabout n'eut point d'enfants. Sentant sa fin prochaine, il résolut d'adopter ceux de ses disciples qui lui seraient véritablement dévoués, et pour s'assurer de leur affection il tenta une épreuve décisive que lui suggéra sa vive et féconde imagination.

La fête du Mouloud étant arrivée, Sidi Ahmed réunit ses disciples, au nombre d'une vingtaine, dans la cour de la maison qu'il possédait à Miliana, et leur déclara qu'en exé cution d'une révélation d'en haut, il devait les sacrifier au lieu des moutons que l'on égorge lors de cette solennité. Le plus hardi et le plus dévoué d'entre eux s'avança, entra dans la salle que le maître lui désigna, puis, quelques secondes après, un flot de sang rutilant se fit jour sous la porte, et pénétrant dans la cour, baigna les pieds des disciples épouvantés. Sidi Ahmed reparut tout couvert de sang, tenant à la main un coutelas fumant et appela une seconde victime. Un second s'avança et la même scène se renouvela. Mais sur le nombre, cinq seulement répondirent à l'appel ; les autres prirent la fuite.

Lorsque le dernier disciple qui s'offrit pour être immolé pénétra dans la chambre fatale, il y trouva quatre moutons égorgés et ses quatre compagnons revêtus de riches habits et assis devant un festin splendide. Sidi Ahmed embrassa les cinq fidèles, les adopta pour ses enfants et leur légua tous ses biens.

Le lendemain matin, le marabout fit ses adieux à sa famille, remonta sur sa mule favorite qui l'avait porté dans ses longs voyages, et recommanda en partant qu'on lui élevât un tombeau, et qu'on l'ensevelît à l'endroit où l'on trouverait son corps ; mais après que l'animal eut fait quelques pas, le maître chancela, s'affaissa et mourut. Les disciples s'élancèrent pour recueillir le marabout dans leurs bras, il était mort... Le même tombeau réunit Sidi Ahmed et sa mule fidèle ; et à cet endroit la piété des fidèles érigea la mosquée qui existe encore aujourd'hui.

Cette tradition est peu connue parmi les chrétiens. Elle est conservée dans la famille de Sidi Ahmed ben Youcef, et m'a été contée par le caïd des beni Ferah, El hadj Ahmed ben Khelladi, descendant d'un des fils adoptifs du marabout.

L'on trouve à Zougara, au pied du Djebel Tadjemouth, les ruines de la ville romaine de Zugabar, que l'on a si longtemps cherchée infructueusement. En face sont les vestiges d'un pont romain jeté sur le Chélif et dont une arche existe encore fort bien conservée. Ce pont était destiné à établir une communication entre Zugabar et Oppidum Novum.

C'est à Zugabar qu'éclata la révolte des cavaliers indigènes de Théodose. Une fraction de la douzième légion, alors en garnison à Oppidum Novum, ainsi que l'attestent encore aujourd'hui plusieurs inscriptions, et entre autres celle d'une pierre tumulaire que j'ai lue moi-même, et qui est dédiée au Centurion de la première cohorte, fut appelée de suite pour comprimer l'émeute. Les rebelles faits prisonniers furent enfermés dans la citadelle, puis décimés.

Superficie, 16,000 hectares. Population, 3,625 habitants.

ABIDS.

Les Abids sont le type des tribus Amraoua, et par conséquent formés d'éléments très-divers. Les Turcs avaient fait venir diverses familles de Zmoul, de Sbihh, d'Ouled Khosseir, et même Chouchaouade, et les avaient constituées militairement en Makhzen, pour empêcher, en temps de troubles, la révolte de se propager des Beni Zoug-Zoug chez les Craz leurs alliés, et afin de défendre les rives du Chélif.

Le pays des Abids est tout couvert de ruines romaines; nous en avons parlé à propos de Duperré.

Population, 587 habitants. Superficie, 2,500 hectares.

MOUHABBAH, SBAHIA ET ARIB.

Petites tribus riveraines du Chélif. L'on trouve à Kherbet-el-Mouhabbah des ruines romaines où nous ne pouvons assigner l'emplacement d'aucun point connu.

Superficie des trois tribus, 13,500 hectares. Population,
1,599 habitants.

ATTAF.

Les Attaf forment la tribu la plus grande et la plus po-
puleuse du cercle; aussi a-t-elle été érigée en aghalik.

Les Attaf tirent leur origine des beni Ahmer de la province d'Oran. Ils ont subi de nombreuses vicissitudes avant
d'occuper les terres qu'ils cultivent aujourd'hui. Il est cer-
tain qu'à une époque reculée, ils ont été jetés dans le Djebel-
Amour, dont les habitants se disent leurs parents. Il sont
Arabes d'origine.

Le pays des Attafs est couvert de ruines romaines, surtou
le long du Chélif, dans la fraction des Medjamaiha, où, à
l'endroit appelé *Temoulga*, l'on trouve des restes de ponts,
de quais et de monuments. J'ai tout lieu de croire que cette
ville, située à cheval sur le fleuve, est l'ancienne Tigauda dont
le nom signifie *habitation incendiée*.

Dans les hauteurs, l'on rencontre les ruines de deux villes
importantes :

Les unes, situées au bord de l'Oued-Adda (la rivière ra-
pide), me paraissent être celles de l'*Addense municipium*.
Les autres, situées à l'endroit appelé Mazounah (plantureux,
de l'hébræo-phén. מָזוּנָה et non مزونة *balance*, comme le
croient les Arabes), seraient celles de *Fundus Masucanus,
territoire submergé*, de מָסוּך inondé).

Ces deux points, que n'a pu fixer le docteur Shaw, lui eus-
sent paru reconnaissables, s'il eût voulu se départir de sa
prévention systématique contre l'analogie phonétique. De nos
jours il est au contraire parfaitement démontré que, lors de la
conquête, les Arabes, loin d'altérer les noms des peuples ou
des villes qu'ils trouvèrent en Afrique, ne firent que les adap-
ter à leur idiome. Il arriva dans un grand nombre de cas,
comme dans celui que nous venons de citer (Mazuna, hé-

brœo-phén. *plantureux;* arabe *balance*), que, par suite de l'absence totale d'esprit de déduction et de logique chez les musulmans, le nom ancien fut conservé, intact ou légèrement altéré, grâce à sa ressemblance avec un mot identique, mais n'ayant aucune application rationnelle. Ce reproche peut s'adresser également aux Romains, et peut-être nous-mêmes l'avons-nous encouru en mainte circonstance, lorsqu'il s'est agi de transcrire des noms de peuples ou de localités, tirés d'un idiome inconnu.

Quelquefois, les transformations furent heureuses, comme pour Blidah (بليدة la petite ville, dim. de بلاد) jadis *Bida municipium;* Bida, la *blanche,* sans doute à cause de la pierre calcaire qui abonde dans ses environs, et dont les habitants tiraient de la chaux qui servait, comme aujourd'hui, à blanchir leurs maisons.

Tlemsen, jadis Timici (*la dissolue,* épithète que sous les Turcs l'on donnait à Blidah). Peut-être le spirituel marabout Sidi-Ahmed-ben-Youcef, dont nous avons conté l'histoire, connaissait cette ancienne dénomination et trouvait que de son temps cette ville méritait encore pis, lorsqu'il disait : « Si vous rencontrez un homme gros, inepte et sale, vous pouvez avancer à coup sûr qu'il est de Tlemcen. »

C'est par une transposition de lettres analogues qu'Hippone, tire son nom sémitique عنابية de ענב raisin ou de عنب jujubier, qui pullulent sur son territoire, et non de ἵππος comme le crurent les Romains, lorsqu'ils lui imposèrent le nom de *Hippo-regius,* conforme au génie de leur langue. Les Arabes lui ont restitué son antique appellation.

Dans Medianum Castellum (aujourd'hui Médéah) les musulmans ne virent pas un adjectif formé de مدينة hébr. מְדִינָה ville ; ils inventèrent une légende ridicule [1] pour justifier ce

---

[1] D'après la légende, Médéah était autrefois située dans la plaine. Un saint Marabout tourmenté par les fièvres de marais, demandait à Dieu sa guérison par de constantes prières. Il fut exaucé ; pendant une nuit, les djnoun (génies) transportèrent la ville et les habitants sur la montagne, à

nom Médéah مدية qu'ils lui imposèrent, dérivé de أمدية la transportée.

Population, 15,655 habitants. Superficie, 4,600 hectares.

Récapitulation :

Superficie du cercle . .	191,200 hectares.
Population arabe. . .	78,879 habitants.

l'endroit qu'elle occupe aujourd'hui. Médéah sut s'attirer les bonnes grâces de Sidi Almed ben Youcef: il fit probablement dans la ville de succulents repas, car il dit: « O Médéah la transportée, si tu étais une femme, je ne voudrais pas d'autre épouse que toi. La faim entre chez toi le matin et sort le soir ! »